Internationale Geopolitik und die politischen Auswirkungen der Corona-Pandemie auf die Weltordnung

Ronaldo Campos

Bibliografische Information der Deutschen Nationalbibliothek:

Die Deutsche Nationalbibliothek verzeichnet diese Publikation in der Deutschen Nationalbibliografie; detaillierte bibliografische Daten sind im Internet über http://dnb.d-nb.de abrufbar.

ISBN: 9783346862228
Dieses Buch ist auch als E-Book erhältlich.

© GRIN Publishing GmbH
Trappentreustraße 1
80339 München

Das Buch bei GRIN: https://www.grin.com/document/1352995

Internationale Geopolitik und die politischen Auswirkungen der gegenwärtigen Pandemie auf die Weltordnung

Ronaldo Campos

Berlin

2023

Inhalt

1. Vorwort

Der Zweck dieses Artikels ist es, die Auswirkungen der COVID-19-Pandemie aus Überlegungen zu Außenseitern in der internationalen Politik, Auswirkungen auf Länder und Schwierigkeiten zu erörtern, die die Pandemie auf aufkommende Reaktionen der internationalen Gemeinschaft und von Regierungen, die durch soziales und wirtschaftliches Ungleichgewicht geschwächt sind, ausgesetzt ist. Trotz des Erwachens der solidarischen Gesellschaft wies die Vernachlässigung der Gouverneure auf die Bedeutung der Wissenschaft und der öffentlichen Institutionen im Kampf gegen das Virus hin.

Zukünftige Schätzungen deuten auf globale Bedenken und politische Narben in der Zeitgeschichte hin. Welche neue Weltordnung nach der Pandemiekatastrophe wird die Welt prägen? Diese Ausgabe setzt die Analyse und die Ideen der Autoren über eine neue globale Ordnung im Übergang fort. Die Debatten schwanken zwischen einem Ende der Globalisierung, das der Realpolitik und dem dualistischen Wettbewerb zwischen den Vereinigten Staaten und China Platz macht, oder einer neuen Geopolitik der internationalen Zusammenarbeit, die auf humanistischen Werten beruht, und der Ausweitung des Multilateralismus mit Schwellenländern. Zwischen Analyse und Ergebnissen werden der öffentliche Raum und die Herausforderungen wiedergeboren, um eine neue internationale Politik der Global Governance zu formulieren.

Berlin im Januar 2023.
Ronaldo Campos

2. Einführung

2.1. Die COVID-19-Pandemie weltweit

Die immer noch aktuelle Pandemie, die weltweit verbreitet ist, wird in den kommenden Jahren und Jahrzehnten zu Missverhältnissen in der internationalen Politik mit schwerwiegenden Auswirkungen führen. Die Auswirkungen werden durch den Zusammenbruch der nationalen öffentlichen Politik zu spüren sein, die Lücken im Sozial- und Gesundheitsmanagement in den Ländern deutlich gemacht hat, sowie durch die Konzentration lokaler Ungleichheiten auf allen Kontinenten.

Die Pandemie stellte die Schwierigkeiten für aufkommende Reaktionen der internationalen Gemeinschaft dar, insbesondere für fragiler Regierungen und autoritären Positionen. Solidarität und belastbare Überlebensmöglichkeiten haben in Menschen und Gemeinschaften angesichts der Vernachlässigung durch Regierungsbeamte mit Benachteiligten geweckt. Die Pandemie betonte nicht nur die Bedeutung der wissenschaftlichen Forschung, sondern auch interdisziplinäre Untersuchungsfelder zusammengeführt, die in einer globalen Kette im Kampf gegen das Virus tätig sind.

Aber nicht nur die Gesundheitspandemie hat zu Beginn des 21. Jahrhunderts die Welt überlebt. Es gibt viele globale Krisen, die in irgendeiner Weise miteinander verbunden sind und Schnittstellen auf dieselbe Weise aufdecken. Die systemischen Krisen in Gesundheit, Wirtschaft, Politik und Umwelt können sowohl im Prozess der ungleichmäßigen Globalisierung als auch in der Einmischung der Geopolitik neoliberaler internationaler Beziehungen beobachtet werden. Laut Dowbor, „Derzeit laufen vier Krisen zusammen: die Umweltkrise, die Ungleichheitskrise, das finanzielle Chaos und die Pandemie. Durch die Lähmung der Weltwirtschaft stellt uns das Coronavirus vor eine systemische Herausforderung." (DOWBOR, 2020:25).

Die bisherigen Auswirkungen dieses Pandemieprozesses deuten auf Bedenken globaler Natur hin, wobei künftige Schätzungen der Regierungen von tiefen Narben geprägt sind, insbesondere in der Wirtschafts- und Sozialpolitik. Die Situation, die Dowbor dazu veranlasst, zu reflektieren und zu bewerten, „wie wir uns als Nationen und als globale Gesellschaft organisieren, ist dysfunktional geworden" (DOWBOR, 2020:25). Daher stellt sich folgende Frage: Was ist die neue globale Ordnung nach der Pandemiekatastrophe, die die Welt prägen wird?

In den vier Ecken der Welt tauschen Autoren Ideen aus oder sprechen über eine neue globale Ordnung im Übergang. Sie verbinden Veränderungen in der Dynamik der Globalisierung und der Besetzung des Weltraums mit „Elementen der Realpolitik" (KOTZ, 2018:51) im

Wettbewerb zwischen den USA und China. Dieser Ländern repräsentieren die robuste Volks-wirtschaften und der klassischen Hegemonie der internationalen Politik (DIEKMANN, 2020). Es werden Perspektiven für eine neue internationale Zusammenarbeit mit Schwerpunkt auf Humanismus, neoliberalem Multilateralismus und der Beteiligung der Europäischen Union (EU) und der Gruppe der Schwellenländer projiziert.

2.2. Die internationale Zusammenarbeit

Die internationale Zusammenarbeit und die Pandemie leiden unter einem beispielhaften Widerspruch zwischen den neuen Grenzen, die gebaut wurden, um die Ausweitung des Virus in Städten einzudämmen, und der Abhängigkeit vom Austauschmarkt zwischen Ländern.

Die freie Mobilität, gleichbedeutend mit der Freiheit in der modernen Gesellschaft, ist durch die internationale Gesundheitsordnung eingeschränkt worden. Dieser scheinbar wider-sprüchliche Prozess stellt universelle Prinzipien demokratischer Ideen und die Erhaltung des menschlichen Lebens als oberste Priorität in der gegenwärtigen Pandemie in Frage. Ein Di-lemma, das auf globaler Ebene echte Konfrontationen schafft, aber sichere Optionen zur Aus-wahl aufzeigt. Dies führt zur Untersuchung von Störungen im täglichen Leben von Gesellschaf-ten und Märkten, die sich aus den sozialen und wirtschaftlichen Ungleichheiten ergeben, die dem historischen kapitalistischen Zyklus gemeinsam sind (DEMIROVIĆ, 2020; ZELIK, 2020) und manchmal durch zyklische Krisen, sozialen Veränderungen oder humanitären Katastro-phen bestimmt, wie bei den Pandemien des letzten Jahrhunderts und der gegenwärtigen in der Entwicklung konfrontiert werden.

In diesem Artikel reflektieren wir die Pandemieeffekte im Kontext der zeitgenössischen internationalen Politik. Die Auswirkungen auf die Länder sind beispiellos, ebenso wie die Schwierigkeiten der internationalen Gemeinschaft, Reaktionen zu visualisieren, die für die Ka-tastrophe nach der Pandemie zufriedenstellend sein können. Zwischen Analyse und Ergebnis-sen werden der öffentliche Raum und die Herausforderungen bei der Formulierung einer neuen internationalen Politik der globalen Governance wiedergeboren.

Daher wird die Bedeutung des Aufbaus einer dauerhaften diplomatischen Gesundheits-politik dem globalen Gesundheitsproblem zugeschrieben. Laut Rezende, „das sich als eine öf-fentliche Politik rechtfertigt, die auf die Wünsche der Bevölkerung eingeht" (REZENDE, 2018:50). Das ist erforderlich um die sozialen und wirtschaftlichen Unsicherheiten zu minimie-ren, die insbesondere die gefährdeten Bevölkerungsgruppen aller Länder während des Pande-mien betroffen haben.

Die anhaltende Pandemie forderte von der internationalen Zusammenarbeit die Realisierbarkeit organisierter geopolitischer Fronten, die organisiert wurden, um technisch-wissenschaftliche Erkenntnisse von Angehörigen der Gesundheitsberufe auszutauschen und den Handel mit spezifischen Materialien zur Bekämpfung des Virus zu gewährleisten, die bedeutende Fortschritte in der wissenschaftlichen Forschung zur Behandlung der Krankheit und des Virus kennzeichnen bei der Schaffung und Herstellung von Impfstoffen. Die im Bereich der öffentlichen Gesundheit zwischen Ländern und internationalen Institutionen eingerichtete wissenschaftliche Zusammenarbeit ist ein neuer Meilenstein in der globalen Diplomatie, der die Rolle der öffentlichen Universitäten bei der Gestaltung und Umsetzung der Sozial- und Gesundheitspolitik stärkt.

Die Erklärung der Weltgesundheitsorganisation (WHO) zum Stand der Pandemie am 11. März 2020 und die Anerkennung von Forschungseinrichtungen als grundlegendes Instrument der internationalen Zusammenarbeit im Gesundheitsbereich eröffneten Räume für internationale geopolitische Fronten bei der Bekämpfung des Virus. Wie Rezende betonte, „hat die multilaterale Behandlung von Gesundheitsproblemen auf diese Weise die Entwicklung internationaler zwischenstaatlicher Organisationen seit Mitte des 19. Jahrhunderts beeinflusst." (REZENDE, 2018:39).

Tatsächlich wird sich die Perspektive für die Bildung neuer postpandemischer geopolitischer Fronten mit Fragen politischer, wirtschaftlicher, sozialer, ethischer und moralischer Natur ergeben. Deshalb werden diese Fragen in diesem Artikel aus der Gestaltung von Szenarien der internationalen Zusammenarbeit in der postwestlichen Welt (STUENKEL, 2018) und die Einbeziehung von aufstrebender Volkswirtschaften von Schwellenländern in die internationale Arena angesprochen. Daher ist es für Rezende wichtig hervorzuheben, dass „nach der Gründung der WHO wurde jedoch eine Einheit von universellem Geltungsbereich gegründet die sich hauptsächlich auf das Thema Gesundheit   konzentriert und über ein globales Mandat und Handlungsfähigkeit verfügt." (REZENDE, 2018:39).

Offizielle Daten, die von der WHO bis zum 19. April 2023 veröffentlicht wurden, zeigen mehr als 700.000.000 Millionen infiziert sind und mehr als 6.000.000 Menschen durch das neue Coronavirus ums Leben gekommen sind (WHO, 2023). Diese Daten stellen erhebliche soziale Auswirkungen auf die Volkswirtschaften der Länder dar. Obwohl es noch nicht möglich ist, die Tiefe der Veränderungen abzuschätzen, die in den Gesellschaften stattfinden werden, sind die Schwierigkeiten bei der Stabilisierung der durch das Virus verursachten Zerstörung zurzeit unvorhersehbar.

Die Auswirkungen der COVID-19-Pandemie werden daher in die Debatte mit der Erwartung einbezogen, dass die künftigen Verhandlungen über das internationale Kooperationssystem nach der postwestlichen Logik der gegenwärtigen internationalen Beziehungen (STUENKEL, 2018), basierend auf der Wiederbelebung der Werte der Öffentlichkeit, Trends zur Ausweitung des Multilateralismus und Forderungen nach Lösungen, die von der öffentlichen und globalen Gesundheitspolitik gebilligt werden.

3. Die Öffentlichkeit in die internationale Beziehungen

3.1. Die Debatte über die Dimension der Öffentlichkeit

Die akademische Debatte über die Dimension der Öffentlichkeit nahm im letzten Jahrzehnt des 20. Jahrhunderts mit der Beschleunigung der Globalisierung zu. Heute wird angenommen, dass der Zerfall der Globalisierung eine notwendige Realität ist, um die nationale Widerstandsfähigkeit zu stärken (FELBERMAYR, 2020). Der Staat als Ziel dieser Debatte repräsentiert die Institution, die öffentliche Güter, einschließlich der Ordnung des Systems der internationalen Beziehungen, sicherstellt, um Ungleichgewichte auf der politischen, wirtschaftlichen und sozialen Ebene der globalen Ordnung zu vermeiden.

Auf internationaler Ebene waren nach dem Kalten Krieg Ideen zur Reform der globalen Governance sowie Fragen zur Bedeutung des Systems der Vereinten Nationen (UN) für die Mitgliedstaaten aktiv. Mit dem Auftreten von Pandemien und globalen Krisen zu Beginn dieses Jahrhunderts wurde die Debatte über Reformen internationaler Institutionen überdacht. Unter anderem hat die WHO in der internationalen wissenschaftlichen Zusammenarbeit an Bedeutung gewonnen und ist heute zu einer Referenz in Studien und Forschungen geworden, um die öffentliche Leistung der jüngsten Früchte der Globalisierung besser zu verstehen: der neuen Coronavirus-Pandemie.

Die Pandemie hat ihre eigene Eigenschaft, öffentliche Einrichtungen auf der ganzen Welt gleichzeitig und räumlich zu erschrecken, was die Rolle des Staates bei der Verwaltung und Harmonisierung der öffentlichen Politik gegen das Virus etwas schwierig macht. Ebenso wie Maßnahmen zum Schutz der Umwelt zur Minimierung der Auswirkungen des Klimawandels muss die Gesundheitspolitik zur Bekämpfung der Ausbreitung des Virus frei von Handels- und Ausbeutungsmaßnahmen sein, um einen Mehrwert zu erzielen.

Diese Politik schafft es im Allgemeinen nicht, sich der Kontrolle der „Realwirtschaft" (DOWBOR, 2020:27) des Marktes vollständig zu entziehen. Wenn sie jedoch mit dem aktuellen Pandemiekontext verbunden sind, müssen sie als öffentliche Güter verstanden werden, um dies zu gewährleisten Teil der Gesellschaft als Ganzes und gemeinnütziger Handel zu sein (DE-MIROVIć, 2020; ZELIK, 2020).

Beispielsweise haben Laborforschung und Produktionsmanagement von Impfstoffen, die zur Bekämpfung der Pandemie von COVID-19 entwickelt werden, Investitionen von universellem Umfang. Sie sind politische Mechanismen der internationalen Zusammenarbeit und Regierungsführung, die auf der Wiederbelebung von Werte der globalen Öffentlichkeit beruhen, obwohl sie nicht gegen die merkantilistischen Prinzipien der internationale Wirtschaft immun sind.

Nach Habermas (2003), die Öffentlichkeit ist der Raum für demokratische Regierungsführung. Dieser von der Politik eingenommene Raum hängt nicht von der Form der Ausübung politischer Macht ab, sondern von den Werten, die in politische Überlegungen zur Ausübung von Macht investiert werden. Die Prinzipien der Politik im öffentlichen Raum setzen sich aus der ethischer und moralischer Bildung zusammen und hängen von den Tugenden von Managern und Bürgern bei der Ausübung der Politik ab. Nach der Meinung von Nicolau Machiavelli, Tugenden müssen darauf ausgerichtet sein, das kollektive Wohl zu fördern (MAQUIAVEL, 1983). Obwohl sie oft für andere Zwecke gleichgesetzt werden.

Die Debatte über die Rettung der Bedeutung der Öffentlichkeit erfordert daher die Berücksichtigung demokratischer Normen bei der Ausübung öffentlicher Macht und die Förderung einer überlegten politischen Kommunikation (HABERMAS, 2003), um die Bildung der öffentlichen Meinung und die Zuverlässigkeit der Bevölkerung während der Pandemie zu gewährleisten.

Im Falle Brasiliens war die öffentliche Debatte, die sich aus dem Regierungsbereich ergab, eine Auseinandersetzung mit der Gesellschaft und eine Verneinung im Umgang mit der Pandemie, sowohl auf nationaler Ebene als auch auf internationaler Ebene. Anticharakterisierung demokratischer Mechanismen mit Abwertung der Öffentlichkeit und des politischen Überlegungsprozesses, wie Jürgen Habermas feststellt, Verfahren, die in staatlichen Institutionen sowie im öffentlichen und politischen Raum geregelt werden müssen (HABERMAS, 2003). Selbst mit der übermäßigen Verwüstung der Pandemie im Land kommt es zu einer Dekonstruktion der Verfassungsmäßigkeit des Staates und der Institutionen, die die Öffentlichkeit für die Beratung von Entscheidungen bei der Steuerung der Pandemiesituation fördern.

Angesichts des erbärmlichen Bildes der Schwierigkeiten, mit denen die Gesellschaft konfrontiert ist, ist politisches Handeln daher das Instrument, das das politische System im Beratungsprozess leitet und die Beteiligung der Bürger an Entscheidungsprozessen garantiert

(WEBER, 2014). Bei den Folgen der Pandemie ist es wichtig, dass die politischen Überlegungen den Wünschen der Gesellschaft entsprechen.

3.2. Der öffentliche Raum der internationalen Kommunikation

Der öffentliche Raum der internationalen Kommunikation wurde jedoch bereits zu Beginn der Pandemie von Wissenschaftlern in Zusammenarbeit mit Ländern bei der Suche nach Antworten auf die Beseitigung des Virus bewahrt. Bedeutende Fortschritte in der wissenschaftlichen Forschung zur Immunität gegen das Virus in mehreren Ländern wie China, USA, England, Frankreich, Deutschland und Russland werden von der WHO unterstützt, die die Entwicklung einer globalen öffentlichen Politik zur Minimierung der Auswirkungen der Pandemie befürwortet.

Dies unterstreicht die Bedeutung der Rolle der WHO im globalen Szenario und gewährleistet das Vertrauen der staatlichen und sozialen Bereiche in die Inkonsistenzen des Virus. Seine Erweiterung erfordert Eingriffe der WHO in die Erstellung von Leitlinien für universelle Vorsichtsmaßnahmen. Es ist wichtig, die von der WHO soziale Regulierungsvision und das verwaltete Informationsmanagement hervorzuheben (REZENDE, 2018).

Auf diese Weise hat die gegenwärtige Pandemiesituation Kontroversen über die Nutzung und die Früchte des öffentlichen Raums in die Szene der internationalen Geopolitik gebracht und damit die Rückkehr der Institutionalisierung des Staates - der internationalen Zusammenarbeit - als Hauptakteur und Domäne der Entscheidungsgewalt über die Sicherheit der Bürger gefordert. Und öffentliche Güter wie die Erhaltung des Einheitlichen Gesundheitssystems (SUS) in Brasilien und der Gesundheitssysteme anderer Länder, die von der Gesundheitskatastrophe schwer betroffen sind.

Schließlich werden die öffentlichen Merkmale der Pandemie (ZELIK, 2020), die unbegrenzte Explosion und die Schwierigkeiten der nationalen Gesundheitssysteme, seine Ausbreitung zu verhindern, hervorgehoben. Trotz der Bemühungen dieser Institutionen zur Bekämpfung des Virus bleiben die Hindernisse für die Vereinheitlichung einer globalen Politik ohne Hindernisse bestehen, unter anderem unter Berücksichtigung der Ressourcenknappheit und der angemessenen Berufsausbildung. Die vor der Pandemiekrise bestehenden Gesundheitsprobleme werden jedoch nicht aus dem Kreislauf der internationalen Öffentlichkeit verschwinden.

Im Gegenteil, die Pandemie verschärft die Tendenzen zu Autokratie, Populismus und der Rückkehr zur „Protektionistische Politik" (DIEKMANN, 2020:341). Zusätzlich zur Überwindung der früheren Finanzkrisen und Umweltkatastrophen in der Welt macht es ihre globale Reichweite ausmacht, dass es sich um eine solide internationale geopolitische Krise handelt, die mehr menschliches Leid und größere soziale, wirtschaftliche und politische Auswirkungen verursacht.

4. Internationale Geopolitik und die politische Auswirkungen der Pandemie

4.1. Eine neue Ära der internationalen Beziehungen

In den Bereichen Geopolitik und internationale Zusammenarbeit markiert die Pandemie eine neue Ära in den internationalen Beziehungen. Die Weltwirtschaft hat Auswirkungen auf die Handelsbeziehungen zwischen Ländern, die gegenseitige Abhängigkeit des Export- und Import- sektors im internationalen Maßstab ist offensichtlich geworden (BOONE, 2020). Protektionismus wurde während der Pandemie zur beliebtesten Währung. Seit Beginn der Gesundheitskrise traten neue Beschränkungen für Krankenhausprodukte in Kraft.

Deutschland und Frankreich haben ihre Handelshemmnisse beseitigt, aber die EU begann, den Export von Schutzausrüstung einzuschränken. Obwohl es Ausnahmen von der humanitären Hilfe gibt, waren viele der ärmsten Länder zu Beginn der Krise wehrlos gegen das Virus. Die mangelnde europäische Solidarität veranlasste Länder außerhalb des Gemeinsamen Marktes der EU, sich an China zu wenden (DIEKMANN, 2020).

Internationale Lieferketten beschränken sich nicht nur auf Produkte zur Bekämpfung des Virus. Die Tendenz der Volkswirtschaften, die vor der Krise eng miteinander verbunden waren, besteht darin, den bilateralen Globalisierungsprozess zu intensivieren. Andererseits werden nationale Sicherheitsmaßnahmen in der Pandemie nicht nur für Regierungen, sondern auch für multinationale Unternehmen, die die Verwundbarkeit ihrer globalen Wertschöpfungsketten erkannt haben, strukturell. Die wirtschaftliche Optimierung der Globalisierung hat einen Preis, den viele für zu hoch halten, ein alter Konflikt, der den Finanzmarkt der internationalen Zusammenarbeit erneut stört. Darüber hinaus ist es laut Boone wichtig, sich daran zu erinnern: *"together, the countries affected in this scenario represent over 70% of global GDP"* (BOONE, 2020:41). Dies repräsentiert folglich die Kaufkraft der Länder auf dem internationalen Finanzmarkt. Es wäre also richtig zu sagen, dass das wirtschaftliche geopolitische Duell zwischen den Vereinigten Staaten (USA) und China nach der Krise bestehen bleiben wird.

Die Vorwürfe von Donald Trump gegen Xi Jinping Haltung, die Existenz des Pandemie-eskalierenden Virus auszulassen, sollten nicht die Tatsache verbergen, dass die Pandemie das Klima zwischen den beiden Hauptmächten, die die Weltwirtschaft kontrollieren, weiter verschlechtert hat. Das chinesische Virus zitiert von Trump steht gegen die von Jinping geäußerten Verschwörungstheorien von Peking, wonach das US-Militär das Virus nach Wuhan gebracht habe. In diesem internationalen geopolitischen Konflikt wird China in einer weltweiten PR-Kampagne mit Schwerpunkt auf technologischer Innovation identifiziert, um das globale Führungsvakuum zu füllen, das die Vereinigten Staaten durch ihre reduktionistische Außenpolitik geschaffen haben.

Das neue Coronavirus expandiert in der globalisierten Welt und sendet Signale an die Herrscher von Nationen mit starken und aufstrebenden Volkswirtschaften sowie an internationale Institutionen über die Bedeutung einer Harmonisierung der globalen Politik gegen die Pandemie. Die kritische Situation des Fehlens internationaler Zusammenarbeit während der Zerstörung des Virus, insbesondere in den nicht nachhaltigen Räumen von Städten und ihren populären Gebieten, zeigt, dass die internationalen Regulierungsrahmen gestärkt werden müssen, trotz der Schwierigkeiten, mit denen internationale Institutionen konfrontiert sind, um in kurzer Zeit zu reagieren. wie es die Pandemie erfordert.

Angesichts dieser Pandemiesituation ist die zentrale Frage der Debatte, wie die Politik der internationalen Zusammenarbeit, einschließlich derjenigen im Gesundheitsbereich, im globalen System harmonisiert werden kann? Die Geopolitik der internationalen Zusammenarbeit wurde in den letzten Jahren durch den Bilateralismus mit Schwerpunkt auf Handelsbeziehungen, hauptsächlich zwischen China und den USA, orchestriert. Dies steht im Einklang mit Ideen, die das mangelnde Engagement der Nationen für die internationale Zusammenarbeit betonen, wie Boone darauf hinweise: *"however, in this globally connected economy and society, the coronavirus and its economic and social fallout is everyone's problem, even if firms decide in the wake of this virus shock to repatriate production and make it less interdependent"* (BOONE, 2020:43).

Aber wie sieht die Zukunftsperspektive der internationalen Politik angesichts der Pandemie aus? In akademischen Diskussionen scheint es einen Konsens über die Notwendigkeit einer Umstrukturierung der internationalen Zusammenarbeit auf der Grundlage von Multilateralismus und einer stärker institutionellen Zusammenarbeit zwischen Nationen zu geben. In den letzten Jahren hat jedoch die hegemoniale Konsolidierung des Bilateralismus zwischen den großen Weltwirtschaften dominiert. Dies projiziert den Krieg zwischen globalen Institutionen und nationalen Bewegungen um die politische Vormachtstellung während der Verbreitung des Virus.

Dieses Diskussionsfeld hat die konservative nationalistische Politik wie *America First,*

Brasil Acima de Tudo (Vor allem Brasilien), *Brexit* oder europäische ultrarechte Parteien angesichts der sich entwickelnden Katastrophe überschattet. Sie sind Parolen der populistischen und Wahlpolitik, die nicht zu Lösungen für die internationale Zusammenarbeit beitragen. Im Gegenteil, sie stellen Kontroversen und Widersprüche zwischen den geopolitischen Linien dar, die das globale Szenario im Pandemiekampf verwirren.

4.2. Der Anachronismus der internationalen Zusammenarbeit

Der politische Kontext der internationalen Zusammenarbeit weist Widersprüche zwischen den Erzählungen der führenden Länder des globalen Systems und dem Wettbewerb auf dem Weltmarkt um Investitionen in Innovation und technologische Lösungen auf. Die laufenden Verhandlungen zur Implementierung der 5G-Technologie werden durch den Wettbewerb zwischen den beiden Mächten USA und China (DIEKMANN, 2020) sowie durch Prozessparameter des bilateralen und hegemonialen Spiels gestützt, die bereits aus der alten nationalistischen Geopolitik bekannt sind.

Heilsam ist die Tatsache, dass China während des Kalten Krieges nicht als Bedrohung für die USA angesehen wurde und derzeit China den wichtigsten Wirtschaftspartner ist und die wirtschaftlichen Aktivitäten zwischen den Ländern der G20 (BOONE, 2020) und anderen dominiert. Es begann, politische Hindernisse als häufige Waffe zu nutzen, um demokratische Ziele von der internationalen Zusammenarbeit abzuweichen und zumindest die Rückkehr der Hegemonie des globalen Systems der neoliberalen Wirtschaft zu fördern?

Angesichts der Finanzkrisen der Vergangenheit und der gegenwärtigen sozioökonomischen Krise wird die Entwicklung Chinas ohne nachhaltige Reaktionen des internationalen Systems als Alternative auf globaler Ebene angesehen (O'DEA, 2019). Mit finanziellen Kapitalinvestitionen in die Entwicklung des Marktes und der physischen Infrastruktur in Ländern, die als schwach wirtschaftlich eingestuft werden und von aufeinanderfolgenden politischen und sozialen Krisen abgenutzt sind, hat China strategisch einen politischen Raum auf der internationalen Bühne und das Vertrauen dieser Länder besetzt. In dieser Zeit der Pandemie wurde China angesichts der unbeaufsichtigten Gesundheitskrise, insbesondere durch die Entstehung von Infrastruktur in den populären Gebieten der großen lateinischen Metropolen, gut aufgenommen.

Tatsache ist, dass diese politische Gestaltung von globaler Tragweite als Opportunismus inmitten eines Pandemiekontexts erscheint. Die große Herausforderung besteht in der Formulierung einer globalen internationalen Politik, die neue Regulierungsprozesse in Institutionen mit multilateralem Charakter garantiert. Auf diese Weise wird die Ausbreitung des Bilateralismus vermieden, der sich aus toxischen neoliberalen Optionen ergibt, die nicht in der Lage sind, nachhaltige internationale Kooperationsabkommen zu erzielen. Der Zusammenbruch der nationalen Gesundheitssysteme in den von der Pandemie am stärksten betroffenen Ländern ist ein Porträt der Schwierigkeiten der WHO bei der Organisation und Harmonisierung der Politik im Bereich der öffentlichen Gesundheit auf globaler geopolitischer Ebene.

5. Die gegenwärtige Pandemie auf die neue globale Ordnung

5.1. Die Projektion einer neuen internationalen Ordnung

Die Projektion einer neuen internationalen Ordnung in der heutigen Zeit erfordert die Bewertung der Entwicklung der internationalen Beziehungen zwischen dem Westen und dem Osten, insbesondere der Außenpolitik, die sich in der Postpandemiekrise in China oder den USA orientieren wird. Die Auswirkungen dieser politischen Beziehung werden sich in der Durchführung politischer und wirtschaftlicher Vereinbarungen zwischen den beiden Mächten mit Auswirkungen auf den Rest des Planeten bemerkbar machen. Diese Beziehung ist seit Mitte der neunziger Jahre historisch angespannt und hat zu erheblichen internen Unterschieden zwischen den politischen Eliten der USA geführt.

Die Akzeptanz Chinas als strategischer Konkurrent, der eine Konfrontation mit den USA und den internationalen Beziehungen zwischen westlichen Ländern sowie der globalen Ordnung darstellt. Es war jedes Jahr eine Herausforderung für die Erweiterung der chinesischen neuen Seidenstraße - *„Belt and Road Initiative"* - beschleunigt und die Auswirkungen auf den Rest der Welt (KOTZ, 2018, S. 79; FERDINAND, 2016, S. 948).

Die Pandemie hat bekanntermaßen die Abhängigkeit der Länder vom chinesischen Markt für industrialisierte Ressourcen erhöht, um die Gesundheitsbedürfnisse von Krankenhauseinheiten zu decken. Insbesondere wird angemerkt, dass die USA zur Bekämpfung des Virus auf Importe von Geräten aus der chinesischen Industrie angewiesen sind (DIEKMANN, 2020). In diesem Sinne bedeutet die Pandemie keine Befriedung der politischen Beziehungen zwischen den größten Volkswirtschaften der Welt, sondern eine Verschärfung der Pandemiekrise.

Das Ende dieses Konflikts scheint jedoch weit entfernt zu sein, wenn man bedenkt, dass die USA aufgrund des Fehlens einer geopolitischen Vision einer multilateralen internationalen Governance und der Zentralität der politischen Strategie Schwierigkeiten haben, bei globalen

Entscheidungen wieder Stellung zu beziehen. Amerika zuerst konzentrierte sich hauptsächlich auf den internen Kontext des Landes. Dies sind Mängel in der hegemonialen Politik der internationalen Beziehungen, die Chinas Argumentationsfähigkeit aufgrund der Dominanz der Technologie, der Normen des Wirtschaftsmarktes und der diplomatischen Politik der guten Nachbarschaft mit finanzieller Unterstützung der Länder des südlichen Kegels stärken. So erweitern sich die Konfrontationsräume auf der Suche nach einer neuen globalen Ordnung im Übergang?

Der zur Debatte stehende Übergang könnte im letzten Jahrzehnt des 20. Jahrhunderts begonnen haben, beeinflusst durch Veränderungen in den internationalen Beziehungen mit der Umsetzung neuer Außenhandelspolitiken mit Privilegien für westliche Länder und die Ausweitung der Beteiligung anderer Länder an internationalen Institutionen. Auf diese Weise erleichterte es die Interaktion des chinesischen Handels und brach die westliche wirtschaftliche Hegemonie, indem es mit Einbeziehung in den internationalen Markt operierte.

Im ersten Jahrzehnt des 21. Jahrhunderts ist die Präsenz Chinas als Wirtschaftsmacht bemerkenswert. Es zeichnet sich als vielversprechendes Land durch seine interne nationale Entwicklung und seine vielseitige Haltung gegenüber dem internationalen System aus, neben der Suche nach eine Konsolidierung auf dem Weltmarkt für hergestellte Produkte und große Investitionen auf der ganzen Welt festigen will. Laut O'DEA *"China's dominance of global manufacturing rests on a triad of commercial capabilities that emerged as byproducts of the country's industrialization"* (O'DEA, 2019:2). Diese *triad* stellt wesentliche Bereiche für die grenzüberschreitende Konsolidierung regionaler Wirtschaftspartnerschaften dar: die Installation von Hafenverbindungen, Mobilität und *"electronic networks"* (O'DEA, 2019:2).

Eine neue Form der Positionierung unterscheidet sich vom Verhalten der Nationen in der Zeit des Kalten Krieges, als sich die Rivalität zwischen Großmächten auf politische Beziehungen und Militarismus konzentrierte und nicht auf die Beteiligung westlicher internationaler Handelsentscheidungen. China beteiligt sich derzeit aktiv und als zentraler Akteur am internationalen System und im Handel zwischen vielen Ländern zu einer Priorität geworden ist. Im Gegenzug wird Chinas Erzählung auf der globalen Bühne wiederum das mangelnde Interesse an Hegemonie betont und die politische Unabhängigkeit und Souveränität gepriesen.

Das Gegenteil der amerikanischen Position überschneidet sich mit der Überbewertung der Währung auf dem internationalen Markt und der Konsolidierung der Militärbasen auf allen Kontinenten. Die Interpretation von Chinas Rhetorik weist auf die Debatte über die Bedeutung von Wirtschaftskapazität und Investitionen auf dem Finanzmarkt in fast allen Ländern hin, aber der Unterschied wäre im Wert der amerikanischen Währung auf dem internationalen Markt. Auf der anderen Seit haben chinesische Investitionen in neue Technologien und die Ausweitung der Rüstung das internationale System jedoch erschreckt, indem sie die USA weit von ihrer Hegemonie entfernt und in Schwierigkeiten gebracht haben, die Entwicklung Chinas zu verhindern.

Unter den gegenwärtigen Umständen war die Divergenz zwischen den USA und China im Rahmen der internationalen Beziehungen durch den Wettbewerb um die Aufrechterhaltung der Hegemonie und die Eroberung des Raums für globale Investitionen gekennzeichnet. Aufgrund des globalen regionalen Handels tendiert die Polarisierung dazu, von bilateral zu multilateral zu wechseln. *"The China Dream"* zitiert von Peter Ferdinand (2016:942) und in der chinesischen Außenpolitik *"Belt and Road Initiative"* (BRI) konsolidiert, wird es laut Ricardo Kotz als Einschüchterungsstrategie für die USA interpretiert und erschüttert nicht nur die Märkte der aktiven Länder der Europäischen Union (EU) durch den Vorschlag der Handelsintegration über Eurasien (KOTZ, 2018:79; FERDINAND, 2016:948).

Diese neue globale Ordnung, die in regionalen Räumen entworfen wurde, wurde während der Pandemie mit der Nachfrage nach medizinische Laborprodukte, die in großem Maßstab in China hergestellt wurden, noch intensiver. Unter einem anderen Gesichtspunkt verdeutlichen diese Tatsachen die Schwierigkeiten bei der Reform internationaler Institutionen auf der Grundlage gemeinsamer Prinzipien der globalen Governance, die verwendet werden könnten, um einen Teil der Schwierigkeiten der von der Pandemie schwer betroffenen Länder zu minimieren.

5.2. Die Auswirkungen der Pandemie auf die Volkswirtschaften

Die Auswirkungen der Pandemie auf die Volkswirtschaften der beiden Mächte USA und China verändern die Strategien der internationalen Verhandlungswege. Soziale Probleme, die sich aus der Anhäufung von Wirtschaftskrisen in den letzten Jahren in Ländern ergeben haben, sind sichtbarer geworden, und schließlich verhindert die Ressourcenknappheit steigende Investitionen während der Pandemiekrise.

Die Zeit nach der Pandemie ist schwer zu prognostizieren und es wird noch riskanter, Vorhersagen über die Entwicklung des Finanzmarkts und der internationalen Außenpolitik zu treffen. Dies sind strategische Punkte, die verhindern, dass die neue globale Ordnung im Übergang mit Zuversicht definiert wird. Insbesondere China muss mit zahlreichen innenpolitischen

Schwierigkeiten konfrontiert sein, trotz der Umstrukturierung des Wirtschaftswachstums das nationale und regionale Defizit unvermeidlich ist. Wie in den USA haben auch die Alternativen für Investitionen in neue Technologien neue Einschränkungen erfahren im Industriesektor, der teilweise von Importen abhängt. Agenda, die den chinesischen Markt verpflichtet, Investitionen in 5G-Technologie weltweit gemäß den Richtlinien der nationalen Anforderungen und der Fähigkeiten des ausländischen Marktes zu überprüfen (DIEKMANN, 2020; BOONE, 2020).

Es ist richtig zu sagen, dass die globale Außenpolitik in den kommenden Jahren unter starken sozialen und wirtschaftlichen Spannungen stehen wird. Angesichts der Verwüstung durch die Pandemie, insbesondere in den populären Gebieten, in denen tiefe soziale Ungleichheiten noch latenter geworden sind, werden diese Spannungen in Lateinamerika aufgrund der US-Wahlen bis Ende 2024 zunehmen. Ein Ereignis, das nicht dazu beigetragen wird, einer breiten Debatte über Veränderungen und eine Reform der Grundlagen in der internationalen Zusammenarbeit zu erweitern. In der gleichen Situation des Ungleichgewichts werden sich die EU und die großen Schwellenländer von Ländern wie Indien, Brasilien und Russland befinden. Diese Volkswirtschaften beeinflussen regional die neue Weltordnung, indem sie die Konstellation der internationalen Zusammenarbeit verändern.

Unter vielen Transformationen im Übergang können Vorschläge für Änderungen und Innovationen in der internationalen Zusammenarbeit als struktureller Parameter für einen Strukturwandel in den internationalen politischen Beziehungen zwischen Ländern dienen. Die durch die Pandemie verursachten Spannungen spiegeln sich jedoch in der Ausübung der Geopolitik und der internationalen Zusammenarbeit wider. Diese Spannungen bringen die Debatte über die Bedeutung der im Kontext der Pandemie erforderlichen Rolle der Öffentlichkeit wieder auf die globale Szene zurück. Nach den Aussagen des chinesischen Präsident Xi Jinping werden die Bemühungen zur Wiederherstellung der Auswirkungen der Pandemie auf die wirtschaftlichen Aktivitäten nicht gemessen. Es müssen flexible Maßnahmen ergriffen werden, um die Anforderungen der globalen Marktanforderungen zu erleichtern und regionalen Protektionismus und die wirtschaftliche Abkühlung zu vermeiden. Chinas Einführung auf der internationalen Bühne bis zum nächsten Jahrhundert stärken?

6. Schlussbetrachtungen

6.1. Die Pandemieeffekte auf der internationalen Bühne

Die Auswirkungen von Pandemien auf der internationalen Bühne wurden untersucht, um den Weg zu verstehen, der der globalen internationalen Zusammenarbeit nach der Pandemie folgen wird. Die Auswirkungen auf alle Kontinente sind unermesslich, und die damit verbundenen Schwierigkeiten gehen mit palliativen Reaktionen einher, sowohl bei der Entstehung der Kündigung als auch bei den Aussichten auf eine Rückkehr zu den politischen Aktivitäten internationaler Organisationen. Diese Situationen führen zur Definition neuer regulatorischer Rahmenbedingungen als Leitfaden für die internationale Geopolitik in der Welt.

Vor dem Hintergrund dieser Zeit der Viruszerstörung wurden die Solidarität der sozialen Gruppen und die gegenseitige Hilfe der Weltgemeinschaft in nationalen und internationalen Szenarien geweiht, da die Leistung öffentlicher Institutionen und der universellen Wissenschaft im Kampf gegen die Pandemie von Bedeutung ist .

Die noch derzeitige Pandemie kann als ein Anreiz hervorgehoben werden, über die Bedeutung des Zugangs zu Gesundheit, Bildung, Gesundheitsinfrastruktur und wirtschaftlicher Dynamik für die Gesellschaft insgesamt nachzudenken und so die Eingliederung der Bürger zu festigen. Diese politischen Initiativen sind mit technologischer Dynamik und wissenschaftlichen Fortschritten, der Überarbeitung der wirtschaftspolitischen Steuerung und der Verwaltung der Öffentlichkeit auf nationaler und internationaler Ebene verbunden und wirken daher als Strategien zur Förderung der internationalen Zusammenarbeit im Hinblick auf eine neue globale Geopolitik.

Unter den Fragen und Antworten wird die politische Debatte im öffentlichen Raum wiedergeboren, was in den Initiativen einer solidarischen Gesellschaft zum Ausdruck kommt, die sich der universelle Werte bewusst sind, die in Zeiten der Pandemie geteilt werden. Die Politik im nationalen und internationalen Kontext wird sich jedoch weiter verändern und Zweifel und Konsequenzen aufdecken. Im Falle der gegenwärtigen Pandemiesituation stellen die hohen Verschmutzungsgrade, die zu Unterbrechungen des sozialen Kontakts, des Handels und der Produktionsketten führen, Situationen dar, die hätten minimiert werden können, wenn demokratische und universelle Maßnahmen ergriffen worden wären?

Die Zweifel von Regierungen und Gesellschaften bringen jedoch Ideen zu einer neuen Gestaltung des internationalen Systems zusammen, bei der die Zusammenarbeit zwischen Ländern bei der Umstrukturierung der Geopolitik der internationalen Beziehungen Vorrang haben muss. Darüber hinaus sind Anlagemethoden zur Verbesserung der wissenschaftlichen Erkenntnisse, der Berufsausbildung und der Gewährleistung materieller Ressourcen Anforderungen, die sich auf nationale und internationale Institutionen während der Ausweitung der Pandemie auswirken.

6.2. China, USA und Brasilien in die neue Weltordnung

Zweifellos wurden während der Pandemie die sozialen, wirtschaftlichen und politischen Bedenken aufgedeckt, die die globale Ordnung beeinflussen, aber konkrete Antworten darauf, wie die neue globale Ordnung nach der Pandemiekatastrophe die Welt prägen wird, werden in der internationalen Debatte noch viele Jahre bestehen bleiben.

Die Bewegungen zur Konsolidierung der Governance der internationalen Zusammenarbeit befinden sich jedoch im Übergang, unterstützt von den nationalistischen Diskursen über die fortschreitende *"einer Deglobalisierung"*, wie von Zelik (2020:348) angegeben, und der Fortschritt des Bilateralismus in technologischen Verhandlungen führte zu einer widersprüchlichen Eskalation zwischen den USA und China. Diese Rhetorik tritt tragischerweise gegen humanistische Werte und demokratischen Multilateralismus unter Beteiligung der Schwellenländer auf.

Die Einbeziehung Chinas als Protagonisten in die internationalen Beziehungen ist eine Strategie seiner Außenpolitik, die auf der Grundlage der *"realpolitik"* strukturiert ist (KOTZ, 2018:55), einer erweiterte Sicht auf kommerzielle Interessen und definierte Prinzipien, die definiert wurde, um eine internationale Zusammenarbeit ohne Hindernisse zu ermöglichen (O'DEA, 2019). Diese Vision erstreckt sich jedoch auf die Einflusskraft und die Garantie der politischen Führung durch wirtschaftliche und technologische Investitionen, die um jeden Preis mit stabilen und aufstrebenden Ländern geteilt werden, mit dem Ziel, sich als globale Führung zu festigen. Unter den Schwellenländern ist Brasilien eines der Ziele, da es unter anderem einer der wichtigsten Partner Chinas auf dem internationalen Markt für Landwirtschaft, Energiewende und technologische Innovation ist.

Die Teilnahme Brasiliens an der internationalen Arena fand nicht nur als Partner Chinas und anderer Länder statt, sondern manchmal auch als Protagonist politischer Vereinbarungen im Szenario der internationalen Beziehungen. Die wirtschaftlichen und sozialen Krisen der neunziger Jahre im Land verursachten jedoch eine Distanz, die durch die Suche nach Vertrauen und Sicherheit im internationalen Szenario gekennzeichnet war. Die 2000er Jahre bestimmten eine neue Phase der Leistung Brasiliens auf internationaler Ebene mit einem Paradigmenwechsel in der nationalen Außenpolitik, sowohl im Hinblick auf die aktive Teilnahme an internationalen Organisationen und multilateralen Foren als auch an den bilateralen Beziehungen.

In den letzten 15 Jahren hat Brasilien versucht, seine Führungsrolle in Südamerika zu betonen, eine Strategie, mit der die internationale Interaktion mit Institutionen und Ländern gefördert und Partnerschaften konsolidiert werden sollen.

Die unkontrollierte Entwicklung der Pandemie im Land, verbunden mit der Ineffektivität bei der Bewältigung der Gesundheitskrise, wurde zum Rahmen der brasilianischen Regierung innerhalb und außerhalb des Landes. Verleugnungs- und anklagende Politik kennzeichnen Brasiliens Position in der Pandemie. Ereignisse, die eine gewisse diplomatische Fremdheit mit China durch gemeinsame verbale Aggressionen und Verachtung der Wirtschaftsbeziehungen mit dem größten Wirtschaftspartner des Landes verursachten, sowie das mangelnde Verständnis für die Bedeutung der Diplomatie in den internationalen Beziehungen aufgrund der Entwaldung im Amazonasgebiet. Bis vor kurzem - bis Ende 2022- hat die Vertretung der brasilianischen Außenpolitik vermieden, sich den Hindernissen der globalen Geopolitik zu stellen, weil eine ganzheitliche Sichtweise der internationalen Zusammenarbeit ausgelassen wurde oder fehlt?

Welchen Einfluss hat Brasilien schließlich auf die neue globale Ordnung im Wandel? Als Land, das zur Gruppe der großen Schwellenländer in den BRICS-Staaten gehört und im Mercosul führend ist, trägt Brasilien zum multilateralen Raum des internationalen Handels bei und setzt auf technologische Veränderungen und Investitionen in die Infrastruktur, wie dies von der anhaltenden Gesundheitskrise gefordert wird. Die Rettung der Glaubwürdigkeit des internationalen Marktes hängt von politischen Veränderungen auf nationaler Ebene ab. Diese Änderungen implizieren die Position des Landes angesichts der Änderungen im neuen Szenario der internationalen Zusammenarbeit, selbst aufgrund der Abhängigkeit des Landes von industrieller Innovation, 5G-Technologie und anderen. Heute scheint die neue Weltordnung von den Ländern mehr Zentralität bei Entscheidungen zu fordern, die Auswirkungen auf die internationale Gemeinschaft haben.

Zusammenfassend kann nach Ansicht einiger Autoren die postpandemische Phase der erste Schritt zur Deglobalisierung sein. Länder wie China, die USA oder Indien, die größten Volkswirtschaften der Welt, haben ein strategisches Gewicht in der Weltwirtschaft und sind für die regionale Neukonfiguration von Netzwerken und Wertschöpfungsketten verantwortlich, die die internationale Zusammenarbeit integrieren. Verbreitung der technologieintensiven Wirtschafts- und Handelsabkommen, die die Neukonfiguration einer neuen globalen Geopolitik prägen.

7. Bibliographie

BOONE, Laurence. Tackling the fallout from COVID-19. In: WEDER DI MAURO, Beatrice und BALDWIN, Richard (Hrsg.), Economics in the Time of Covid-19. London: CEPR Press, 2020, pp. 37-44. https://cepr.org/sites/default/files/news/COVID-19.pdf. (02.06.2020).

BUZAN, Barry; LAWSON, George. The Global Transformation: History, Modernity and the Making of International Relations. Cambridge: Cambridge University Press, 2015. http://eprints.lse.ac.uk/60506/1/__lse.ac.uk_storage_LIBRARY_Secondary_lib-file_shared_repository_Content_Buzan_Global%20transforma-tion%20intro_Buzan_Global%20transformation%20intro_2015.pdf . (02.06.2020).

DARDOT, Pierre; LAVAL, Christian. A nova razão do mundo: ensaio sobre a sociedade neo-liberal. São Paulo: Boitempo, 2016.

DEMIROVIĆ, Alex. In der Krise die weichen stellen. Die Corona-Pandemie und die Perspek-tiven der Transformation. In: Zeitschrift Luxemburg Online, Berlin, 03.2020. https://www.zeitschrift-luxemburg.de/in-der-krise-die-weichen-stellen-die-corona-pandemie-und-die-perspektiven-der-transformation/. (03.07.2020).

DIEKMANN, Berend. Globale Handelsordnung – mit den oder ohne die USA? In: ZBW – Leibniz-Informationszentrum Wirtschaft. Wirtschaftsdienst, 2020, S. 324-328. https://www.wirtschaftsdienst.eu/inhalt/jahr/2020/heft/5/beitrag/globale-handelsord-nung-mit-den-oder-ohne-die-usa.html. (03.07.2020).

DOWBOR, Ladislau. Além da Pandemia: uma convergência de crises. In: João Décio Passos (Org.). A Pandemia do Coronavírus: Onde estivemos? Para onde vamos? São Paulo: Paulinas, 2020, p. 25-48.

FELBERMAY, Gabriel. Welthandel post Coronam. In: ZBW – Leibniz-Informationszentrum Wirtschaft. Wirtschaftsdienst, 2020, S. 340-343. https://www.wirtschaftsdienst.eu/in-halt/jahr/2020/heft/5/beitrag/welthandel-post-coronam.html. (03.07.2020).

FERDINAND, Peter. Westward ho - the China dream and 'one belt, one road': Chinese for-eign policy under Xi Jinping. International Affairs, v. 92, n. 4, p. 941-957, 2016. https://www.chathamhouse.org/sites/default/files/publications/ia/INTA91_4_Ferdi-nand.pdf. (02.06.2020).

HABERMAS, Jürgen. Mudança estrutural da esfera pública: investigações quanto a uma categoria da sociedade burguesa. Rio de janeiro: Tempo Brasileiro, 2003.

KOTZ, Ricardo L. A Nova Rota da Seda: entre a tradição histórica e o projeto geoestratégico para o futuro. Florianópolis: UFSC, 2018.

LIMA, Sérgio E. M.; TEIXEIRA JÚNIOR, Augusto W. M. (org.). V Conferência sobre Relações Exteriores: o Brasil e as tendências do cenário internacional. Brasília: FUNAG, 2018.

MAQUIAVEL, Nicolau. O príncipe: escritos políticos. São Paulo: Abril Cultural, 1983.

MENDES, Pedro E. R(r)elações I(i)nternacionais, Realismo e Análise da Política Externa (APE): contextualizando a invenção da APE. In: Revista estudos internacionais, Belo Horizonte, v. 8, n. 1, p. 64-88, Abr. 2020.

O'DEA, Christopher R. How China Weaponized the Global Value Chains. In: National Review, 20.06.2019. https://www.nationalreview.com/magazine/2019/07/08/how-china-weaponized-the-global-supply-chain/. (02.06.2020).

REZENDE, Bruno P. Saúde, política externa e diplomacia pública. In: Saúde e Política Externa: os 20 anos da Assessoria de Assuntos Internacionais de Saúde (1998-2018). Brasília: Ministério da Saúde, 2018, p. 37-71.

STUENKEL, Oliver. O mundo pós-ocidental: Potências emergentes e a nova ordem global. Rio de Janeiro: Zahar, 2018.

WEBER, Max. Escritos políticos. São Paulo: WMF Martins Fontes, 2014.

WHO. World Health Organization. WHO Coronavirus (COVID-19) Dashboard. In: WHO, 21.04.2023. https://covid19.who.int/. (21.04.2023).

ZELIK, Raul. In Verteidigung des Lebens Über die Corona-Pandemie, die sozialökologische Großkrise und die Möglichkeit eines neuen Sozialismusbegriffs. In: Rev. PROKLA 199 50(2): 345-353, Juni 2020. DOI: https://doi.org/10.32387/prokla.v50i199.1885. (03.07.2020).

BEI GRIN MACHT SICH IHR WISSEN BEZAHLT

- Wir veröffentlichen Ihre Hausarbeit,
  Bachelor- und Masterarbeit

- Ihr eigenes eBook und Buch -
  weltweit in allen wichtigen Shops

- Verdienen Sie an jedem Verkauf

Jetzt bei www.GRIN.com hochladen
und kostenlos publizieren

Vegane Lebensmittel mit Vitamin B12 und die Auswirkungen einer Unterversorgung

Naomi Albiez

Bibliografische Information der Deutschen Nationalbibliothek:

Die Deutsche Nationalbibliothek verzeichnet diese Publikation in der Deutschen Nationalbibliografie; detaillierte bibliografische Daten sind im Internet über http://dnb.d-nb.de abrufbar.

ISBN: 9783346691828
Dieses Buch ist auch als E-Book erhältlich.

© GRIN Publishing GmbH
Nymphenburger Straße 86
80636 München

Alle Rechte vorbehalten

Druck und Bindung: Books on Demand GmbH, Norderstedt Germany
Gedruckt auf säurefreiem Papier aus verantwortungsvollen Quellen

Das vorliegende Werk wurde sorgfältig erarbeitet. Dennoch übernehmen Autoren und Verlag für die Richtigkeit von Angaben, Hinweisen, Links und Ratschlägen sowie eventuelle Druckfehler keine Haftung.

Das Buch bei GRIN: https://www.grin.com/document/1254419

Fakultät Gartenbau und Lebensmitteltechnologie

Vegane Lebensmittel mit Vitamin B_{12} und die Auswirkungen einer Unterversorgung

23. April 2020

Verfasser: Naomi Albiez

Modul: Funktionelle Lebensmittelinhaltsstoffe

INHALTSVERZEICHNIS

1. Einleitung und Aufgabenstellung

Nachdem der Fokus jahrelang auf reinem Wachstum lag, lässt sich langsam in der Gesellschaft eine Trendwende in Richtung Nachhaltigkeit erkennen. Neben der Nutzung von öffentlichen Verkehrsmitteln und Recycling, gehört für immer mehr auch der Verzicht auf Fleisch und Produkten von Tieren zu einem ökologischen Lebensstil. Wie sich in Abbildung 1 erkennen lässt, ist die Anzahl der (größtenteils) vegan lebenden Personen in Deutschland in fünf Jahren von 850.000 um knapp 12% auf 950.000 gestiegen [1].

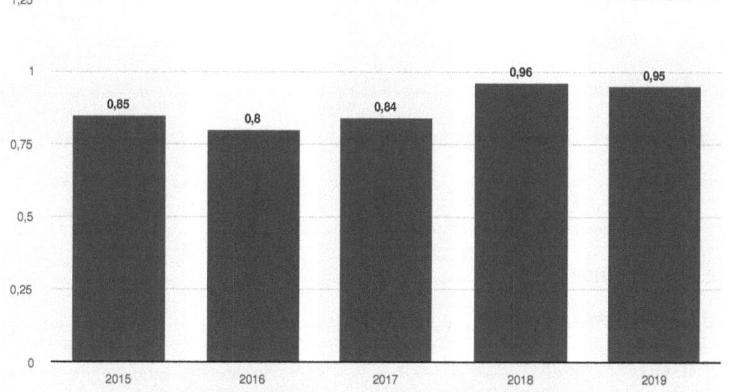

ABB. 1 ANZAHL DER VEGANER IN MILLIONEN IN DEUTSCHLAND IN DEN JAHREN 2015 BIS 2019 [1]

Oft ist einer der Gründe für eine rein pflanzliche Ernährung der Tierschutz, denn es werden beispielsweise immer wieder erschreckende Zustände in der Massentierhaltung aufgedeckt. Dies können einige Konsumenten nicht mehr mit ihrem Gewissen vereinbaren und meiden daher den Verzehr von tierischen Produkten. Aktuelle Studien zeigen, dass eine lange körperliche und geistige Gesundheit mit einer pflanzenbasierten Kost zusammenhängt. Außerdem sind pflanzliche Lebensmittel geringer mit Medikamenten und Antibiotika belastet, sowie hygienisch unbedenklicher. [2]

Wichtig zu erwähnen ist, dass bei veganen Ernährungsformen die Versorgung potenziell kritischer Nährstoffe sichergestellt werden muss. Um die benötigten Tagesmengen zu erreichen, muss auf eine abwechslungsreiche und ausgewogene Lebensmittelauswahl geachtet werden. [3] Daraus folgt, dass sich immer mehr Menschen genauer mit einer bedarfsdeckenden Nährstoffzufuhr bzw. Supplementierung auseinandersetzen. Dabei fällt auf, dass häufig Vitamin B_{12} als kritischster Nährstoff in der veganen Ernährung aufgeführt wird.

Daher ist es das Ziel dieser Arbeit, herauszufinden, welche veganen Lebensmittel ausreichend Vitamin B_{12} enthalten und welche Auswirkung ein Mangel an Vitamin B_{12} haben kann.

2. THEORETISCHE GRUNDLAGEN

In diesem Kapitel werden die Grundlagen zu Vitamin B_{12} erklärt und es wird genauer auf vegane Vitamin B_{12}-Quellen eingegangen. Darüber hinaus werden die Symptome und die Ursachen einer Vitamin-B_{12} Unterversorgung erläutert.

2.1. DEFINITION UND FORMEN VON VITAMIN B_{12}

Vitamin B_{12} ist ein Sammelbegriff für Cobalamine, die eine biologische Wirkung besitzen. Nach derzeitigem Wissensstand sind nur Mikroorganismen fähig Vitamin B_{12} zu synthetisieren. Bei Cobalaminen handelt es sich um Komplexe, die als Zentralatom ein Cobaltion mit sechs Liganden haben. Dabei unterscheiden sich Cobalamine nur in der Besetzung des sechsten Liganden. [4]

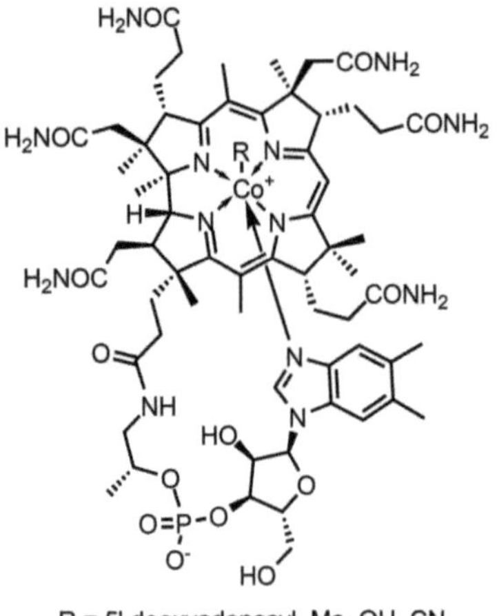

ABB. 2 ALLGEMEINE STRUKTURFORMEL VON COBALAMINEN MIT VIER MÖGLICHEN VARIANTEN DES 6. LIGANDEN (R) [5]

In der Natur kommen die Formen Methylcobalamin, Hydroxycobalamin und Adenosylcobalamin vor [6], die als sechsten Liganden einen Methylrest, eine Hydroxygruppe bzw. einen 5'-Desoxyadenosylrest besitzen. Bei Cyanocobalamin, der synthetischen Form von Vitamin B_{12}, wird der sechste Ligand mit einer Cyanogruppe substituiert. In Abbildung 2 ist die allgemeine Strukturformel von Cobalaminen mit den vier erwähnten Besetzungen des sechsten Liganden – in der Abbildung mit R bezeichnet – dargestellt. Durch weitere mögliche Besetzungen des sechsten Liganden ergeben sich weitere Cobalaminderivate. [4]

Cobalamine, die keine biologische Wirkung besitzen, werden als Analoga bezeichnet. Überwiegend sind in pflanzlichen Produkten bis zu 80% der gemessenen Cobalamine nicht bioverfügbar. [7]

2.2. ERNÄHRUNGSEMPFEHLUNGEN

Es ist sowohl für Mischköstler, als auch Veganer wichtig darauf zu achten, ausreichend Vitamin B_{12} zu sich zu nehmen. Nach derzeitigem Wissensstand wird dieser Nährstoff ausschließlich von Mikroorganismen produziert. Diese können im Verdauungstrakt von Menschen und verschiedenen Tieren gefunden werden. [8] Dabei wird das B_{12} ungenutzt mit dem Kot wieder ausgeschieden, weil es im Dünndarm zwar absorbiert werden kann, die Produktion aber erst im Dickdarm stattfindet [9].

Da heute in der Lebensmittelproduktion hohe Hygienestandards gelten, besteht kaum mehr die Möglichkeit über mit Kot kontaminiertes Trinkwasser oder durch Erdreste an Lebensmitteln Vitamin B_{12} aufzunehmen [10]. Deswegen wird in manchen Ländern beispielsweise Mehl mit Vitamin B_{12} versetzt. Beim Backprozess geht nur rund ein Drittel davon verloren, was sich auf die relativ hohe Hitzebeständigkeit des Vitamins zurückführen lässt [11]. Aufgrund solcher Verluste bei der Zubereitung und wegen natürlicher Schwankungen ist es schwierig ohne Nahrungsergänzungsmittel eine zuverlässige Aussage über die tägliche Zufuhrmenge zu treffen. Jedoch lässt sich die Tagesdosis, die dann durch Supplemente erreicht werden kann, leicht auf Grundlage der Empfehlung der Deutschen Gesellschaft für Ernährung (DGE) berechnen.

Alter	Offizielle tägliche Empfehlung[186]	Bedarf zum Erreichen optimaler Blutwerte	Empfehlung Supplementierung bei veganer Ernährung 1-mal täglich (Cyanocobalamin)	Empfehlung Supplementierung bei veganer Ernährung 1-mal täglich (Coenzymformen)
13 bis 65 Jahre	3 µg	6 µg	250 µg	500 µg
65+ Jahre	3 µg	6 µg	500 µg	1000 µg

ABB. 3 ZUFUHREMPFEHLUNGEN VON VITAMIN B_{12} IN ABHÄNGIGKEIT VOM ALTER [12]

Der tatsächliche Bedarf an Vitamin B_{12} liegt bei 2 µg pro Tag. Es muss aber beachtet werden, dass sowohl die Aufnahmefähigkeit im Alter sinkt als auch dass es individuelle Unterschiede in der Aufnahmefähigkeit gibt. Wie aus Abbildung 3 hervorgeht, empfiehlt die DGE daher, dass Erwachsene täglich 3 µg zu sich nehmen sollen [13]. Eine dänische Studie aus dem Jahre 2006 kam jedoch zu dem Ergebnis, dass optimale Blutwerte erst ab einer Tagesdosis von 6 µg erreicht werden. Dieser höhere Wert beruht auf der Tatsache, dass die Untersuchung mit postmenopausalen Frauen durchgeführt wurde. [14] Pro Mahlzeit oder pro Einnahme eines Supplements kann der Körper aber nur 1,5-2 µg aktiv aufnehmen. Dabei spielt es keine Rolle, ob es sich um eine tierische oder pflanzliche Quelle oder ein Nahrungsergänzungsmittel handelt. [15] Hat man keine persönlichen Einwände dagegen, zwei Mal täglich ein Supplement zu nehmen, kann der Körper nach vier bis sechs Stunden wieder dieselbe Menge an Vitamin B_{12} über seine aktiven Transportsysteme aufnehmen [16].

Es besteht auch die Möglichkeit, die Tagesdosis auf einmal zu sich zu nehmen, denn 1-3 % der Gesamtzufuhr wird passiv aufgenommen [15]. Bei der Einnahme des Supplements werden direkt 1,5 µg über aktive Transportsysteme aufgenommen, die andere Hälfte der empfohlenen 3 µg müssen über die passive Diffusion abgedeckt werden. Wenn man nun vom geringsten Wert für die passive Diffusion in Höhe von 1% ausgeht, benötigt man eine Menge von 150 µg, um die Dosis von 1,5 µg zu erreichen. Addiert man noch einen großzügigen Sicherheitszuschlag, erhält man den empfohlenen Wert von 250 µg für Erwachsene. Dieser Wert bezieht sich auf das besser erforschte und stabilere Cyanocobalamin. Sollte man eine andere Form von Vitamin B_{12} bevorzugen, ist eine Verdopplung der Einnahme sinnvoll, damit eine eventuell geringere Stabilität ausgeglichen wird [12].

Langzeitstudien zeigen, dass selbst bei einer täglichen Zufuhr von 3000 µg keine Nebenwirkungen auftreten. Dies wird darin begründet, dass Vitamin B_{12} wasserlöslich ist und deswegen einfach mit dem Urin ausgeschieden wird [17]. Daher hat die European Food Safety Authority (EFSA) keine Obergrenze für die tägliche Einnahme definiert [18]. Sollte man nun zusätzlich viele der Vitamin B_{12}-haltigen Lebensmittel konsumieren, die im folgenden Kapitel vorgestellt werden, muss man sich kaum Sorgen um eine Überdosierung machen.

2.3.   VEGANE VITAMIN B$_{12}$-QUELLEN

Vitamin B$_{12}$ ist der kritischste Nährstoff in der veganen Ernährung, da der Mensch sich, wie bereits erwähnt, nicht selbst damit versorgen kann und nur tierische Lebensmittel im Durchschnitt recht hohe B$_{12}$-Gehalte haben. Jedoch kann ein Mangel auch Vegetarier und Mischköstler betreffen. Dies bestätigt eine Studie aus dem Jahr 2000, bei der 39 % der 3.000 untersuchten Amerikaner B$_{12}$-Serumwerte im unteren Normbereich hatten [19].

Ein pflanzliches Lebensmittel muss zwei Kriterien erfüllen, um eine geeignete Vitamin B$_{12}$-Quelle zu sein. Einerseits soll eine Pflanze oder eine Alge nicht zu viele B$_{12}$-Analoga enthalten, die die Aufnahme von aktivem Vitamin B$_{12}$ sogar reduzieren können [20]. Andererseits muss ausreichend Vitamin B$_{12}$ enthalten sein, um mit einer realistischen Portionsgröße teilweise den Tagesbedarf zu decken. Dafür gäbe es die Option, angereicherte Lebensmittel herzustellen. Im Gegensatz zu den USA und anderen Ländern ist das in Deutschland aber eher die Ausnahme. Noch dazu enthalten diese angereicherten Lebensmittel nur geringe Mengen an Vitamin B$_{12}$. So kommt ein konventioneller B$_{12}$-Pflanzendrink auf nur 0,4 µg/100 ml. [12] In der Produktion von Bioprodukten ist eine Anreicherung mit Vitaminen generell nicht erlaubt [21].

2.3.1. PFLANZEN

Da Pflanzen im Gegensatz zu Menschen und Tieren kein Vitamin B$_{12}$ für ihren Stoffwechsel benötigen, konnten in Untersuchungen kaum relevante Mengen an für den Menschen verwertbarem Vitamin B$_{12}$ gefunden werden [22]. Häufig wird angenommen, dass Pilze eine gute B$_{12}$-Quelle darstellen, jedoch sind die Konzentrationen so gering, dass sie bei weitem nicht für die tägliche Bedarfsdeckung ausreichen [23]. Daher wurden bereits einige Versuche durchgeführt, um Pflanzen künstlich mit Vitamin B12 anzureichern. Im Folgenden sollen zwei mögliche Methoden kurz vorgestellt werden.

Können Pflanzen Vitamin B$_{12}$ aufnehmen und akkumulieren, obwohl sie es nicht brauchen? Aufgrund dieser Fragestellung wurde 2004 eine Untersuchung durchgeführt, in der dem Nährmedium von Rettichsprossen Vitamin B$_{12}$ zugegeben wurde. Bei einer Dosierung von 200 µg pro Milliliter enthielt ein Gramm frischer Sprossen 1,28 µg an Vitamin B$_{12}$. Bei einer verringerten Zugabe von 25 µg pro Milliliter waren es immerhin noch 0,3 µg pro Gramm. [24] Der B$_{12}$-Anteil der Nährlösung ist aber um ein Vielfaches höher als in natürlichen Böden. So wurde anhand von Erproben festgestellt, dass ein Gramm frische Erde nur 0,002 bis 0,015 µg Vitamin B$_{12}$ enthält [10]. Diese Ergebnisse zeigen, dass eine großflächige Anreicherung der Böden mit Vitamin B$_{12}$ nur bedingt sinnvoll ist, da im Laufe der Akkumulierung in der Pflanze ein Großteil des bioverfügbaren Vitamin B$_{12}$ verloren geht. Daher ist es effizienter, direkt ein richtig dosiertes Präparat zu sich zu nehmen.

Ein anderer Ansatz zur Steigerung des Vitamin B_{12}-Gehalts war, die Erdböden über Kuhmist anzureichern, weil dieser, wie menschlicher Kot, große Mengen an Vitamin B_{12} enthält. Eine Untersuchung im Jahr 1994 ergab, dass der Vitamin B_{12}-Gehalt von Spinat durch eine Düngung mit Kot tatsächlich verdoppelt werden konnte. Daraus entstand das Argument, dass die toten Böden in der industriellen Landwirtschaft und eine falsche Düngung der Grund seien. [25] Jedoch reicht selbst diese Verdopplung nicht aus, um bei realistischen Verzehrmengen den Bedarf einer Person an Vitamin B_{12} zu decken. Die Konzentration betrug nämlich immer noch nur 0,14 µg pro 100 g und daher müsste man täglich mehr als zwei Kilo Spinat essen, um die empfohlene Tagesdosis zu erreichen. [26]

2.3.2. ALGEN

Laut einer Untersuchung von 326 verschiedenen Algenarten benötigt in etwa die Hälfte davon Vitamin B_{12} für ihren Stoffwechsel. Dadurch besteht die Möglichkeit, dass diese Arten Vitamin B_{12} in relevanten Mengen akkumulieren könnten. [27] In Abbildung 4 werden Algen mit tierischen und pflanzlichen Produkten in ihrem Gehalt an Vitamin B_{12} verglichen, wobei beachtet werden muss, dass in diesem Diagramm keine Unterscheidung zwischen bioverfügbarem B_{12} und B_{12}-Analoga gemacht wird. Denn bei Spirulina basieren die Daten auf veralteten Testverfahren, bei denen die Bioverfügbarkeit der Cobalamine noch keine Rolle spielte. Nach neueren Erkenntnissen enthält die Spirulina-Alge aber kaum bioverfügbares Vitamin B12 [28].

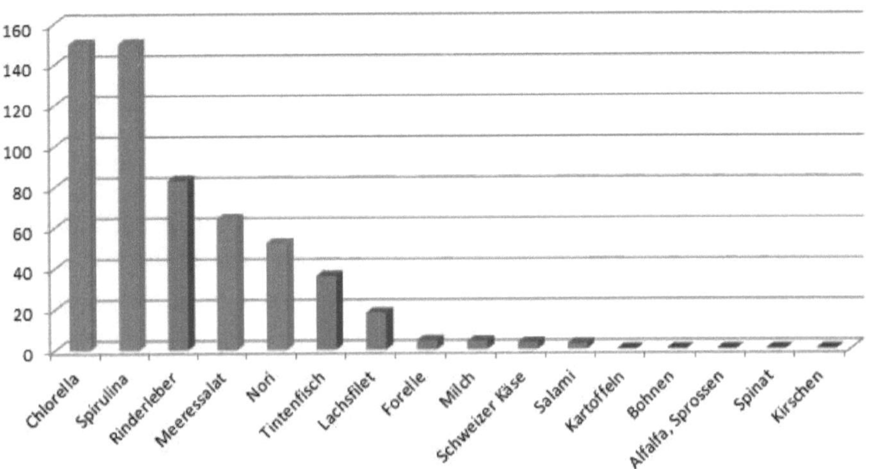

ABB. 4 VITAMIN B_{12}-GEHALT VERSCHIEDENER LEBENSMITTEL IN µG/100G [29]

Ebenso sollte auch die Afa-Alge nicht als Vitamin B_{12}-Quelle herangezogen werden, denn es wird, unabhängig vom Vitamin B_{12}-Gehalt, vom Verzehr abgeraten, da diese Alge für den Menschen giftige Algentoxine bilden kann [22]. Bei Untersuchungen der Nori-Alge stellte sich heraus, dass die Bioverfügbarkeit abhängig von der Verarbeitung ist. So haben rohe Nori 73% bioverfügbares Vitamin B_{12}, wohingegen getrocknete Nori 65% B_{12}-Analoga enthalten. Dies könnte ein Grund für die bisher widersprüchlichen Ergebnisse sein, denn man schlussfolgert, dass es zu einer Umwandlung des Vitamin B_{12} während des Trocknungsprozesses kommt. [30]

Bei einer ersten kleinen Untersuchung der Chlorella-Alge am Menschen erhielten drei Probanden ein Jahr lang täglich 8 g getrocknete Chlorella. Es stellte sich heraus, dass sich der Spiegel an Gesamt-B_{12} durch die Einnahme verbesserte [31]. Aber nicht jede Chlorella ist eine gute Vitamin B_{12}-Quelle, denn die Werte schwanken zwischen null und mehreren Hundert Mikrogramm pro 100 g [26]. Vor allem scheint der Anbau eine große Rolle zu spielen. So unterscheiden sich die B_{12}-Werte in Abhängigkeit zur Anbauweise in offenen Becken oder Fermentern [22].

Dies zeigt, dass keine der bereits näher untersuchten Algen-Arten eine zuverlässige Vitamin B_{12}-Quelle darstellt und deswegen auf die gut erforschten Nahrungsergänzungsmittel zurückgriffen werden sollten.

2.3.3. FERMENTIERTE LEBENSMITTEL

Da nicht alle Bakterienkulturen in gleichen Maßen Vitamin B_{12} produzieren können, kann ein fermentiertes Lebensmittel wie Joghurt und Sauerkraut nicht ohne genauere Kenntnis als zuverlässige Vitamin B_{12}-Quelle dienen [23]. Bei der Beurteilung, ob der enthaltene Vitamin B12-Gehalt ausreichend ist, wird weiterhin der Tagesbedarf von 3 µg Vitamin B12 angenommen.

In einer Untersuchung an Kimchi – eine koreanische Spezialität aus fermentiertem Gemüse – konnte nur ein geringer Vitamin B_{12}-Gehalt von rund 0,2 µg pro 100 g festgestellt werden. Außerdem weisen die Autoren darauf hin, dass das enthaltene Vitamin B_{12} wahrscheinlich nicht aus der Fermentation, sondern aus der Fischsauce im Kimchi stammt. [32] Um den Tagesbedarf an Vitamin B12 decken zu können, müssten demnach rund 1,5 kg Kimchi verzehrt werden.

In pasteurisiertem Tempeh – eine indonesische Spezialität meist aus fermentierten Sojabohnen – wurden 0,12 µg Vitamin B12 pro 100 g nachgewiesen [33]. Somit werden 2,5 kg pasteurisiertes Tempeh benötigt, um den Tagesbedarf an Vitamin B12 zu erreichen.

Auch Miso –eine japanische Paste aus hauptsächlich fermentierten Sojabohnen – enthielt nachweislich je nach Sorte 0,15 µg bzw. 0,25 µg Vitamin B12 pro 100g. [33] Für die Deckung des Tagesbedarfs an Vitamin B12 werden daher 2 kg bzw. 1,2 kg Miso gebraucht.

Vegane Produkte, die auf der Fermentation von übersäuerten Broten beruhen, werden von der Kanne Brottrunk GmbH produziert. Nach dem patentierten Herstellungsverfahren werden dabei zuerst übersäuerte Brote aus Sauerteig, Roggen-, Weizen-, und Hafervollkornmehl hergestellt.

Diese werden danach durch Trocknung und gleichzeitigem Vermahlen für mehrere Jahre haltbar gemacht. Nachdem die Brotmasse durch Zusatz von Wasser eine 3 bis 9-monatige Gärphase durchlaufen hat, wird das Gärprodukt gefiltert. [4*34, 5*35] Das Filtrat wird als „Brottrunk" bezeichnet, das getrocknete Retentat als „Enzym-Fermentgetreide" [36].

Der Brottrunk besitzt nach Herstellerangaben einen Vitamin B12-Gehalt von 0,106 µg pro 100 ml. Somit werden zur Deckung des Tagesbedarfs an Vitamin B12 mehr als 2,8 l des nach Essig schmeckenden Getränks benötigt. Die konzentrierte Form des Brottrunks namens „Pauer Essenz" enthält zwar 1,16 µg Vitamin B12 pro 100 ml und damit deutlich mehr als der Brottrunk, allerdings sind zur Deckung des Tagesbedarfs über sechs der 40ml-Flaschen zu trinken, was rund zehn Euro pro Tag ausmachen würde. Auch das Getränk „Brolacta" – ein Gemisch aus Brottrunk und Enzym-Fermentgetreide – weist nur einen geringen Vitamin B_{12}-Gehalt von 0,38 µg pro 100 ml auf. Zudem besitzt das Enzym-Fermentgetreide einen Vitamin B_{12}-Gehalt von 2,0 µg pro 100 g. Um den Tagesbedarf an Vitamin B_{12} decken zu können, sind 60% des 250g-Glases zu verzehren. [36]

Dagegen konnte durch die Wahl geeigneter Bakterienkulturen meist ein ausreichender Vitamin B_{12}-Gehalt in fermentierten Lebensmitteln erzielt werden. So wurde in Sauerkraut durch eine Fermentation mit Propionibakterien ein Vitamin B_{12}-Gehalt von 7,2 µg pro 100 g erreicht [39]. Damit reichen bereits 42 g Sauerkraut zur Deckung des Tagesbedarfs an Vitamin B12 aus.

Auch Sojajoghurt enthielt durch eine Fermentation mit Lactobacillus reuteri mehr als 16 µg Vitamin B_{12} pro 100 ml [40], das heißt mehr als die fünffache Menge des Tagesbedarfs.

Durch die Verwendung von Propionibacterium freudenreichii neben dem Schimmelpilz Rhizopus oryzae konnte der Gehalt an Vitamin B12 in frischem Lupinen-Tempeh von 0 µg auf 0,97 µg pro 100 g gesteigert werden. [37] Daher werden zur Erreichung des Tagesbedarfs an Vitamin B12 rund 300 g Lupinen-Tempeh benötigt.

In einer weiteren Studie wurden im Labor sterilisierte Sojabohnen mit Klebsiella pneumoniae, die zuvor aus gekauftem Tempeh isoliert wurden, beimpft und fermentiert. Es wurde ein hoher Vitamin B12-Gehalt von rund 12,7 µg pro 100 g festgestellt. Die Autoren kamen jedoch zu dem Schluss, dass das gekaufte Tempeh während der Tempehproduktion durch K. pneumoniae kontaminiert wurde. [38]

Solange vegane, fermentierte Produkte nicht zu einem erschwinglichen Preis in ausreichender Menge vorhanden sind, sollten Veganer weiterhin zur Versorgung mit Vitamin B_{12} auf Nahrungsergänzungsmittel zurückgreifen [12].

2.4. FUNKTIONEN IM KÖRPER

Im menschlichen Organismus wirkt Vitamin B_{12} als Coenzym in den Formen Methylcobalamin –
im Cytoplasma – und Adenosylcobalamin – in den Mitochondrien. Dabei nimmt eine Zelle das im
Blut zirkulierende, metabolisch aktive Holotranscobalamin – ein Komplex aus dem
Transportprotein Transcobalamin und Vitamin B_{12} – über die Zellmembran auf. Mithilfe der
Lysosomen wird proteolytisch Vitamin B_{12} von Transcobalamin getrennt. Anschließend wird
enzymatisch der sechste Ligand – die Methyl-, Adenosyl-, Hydroxy- oder Cyanogruppe – von
Vitamin B_{12} abgespalten. Dadurch verändert sich die Ladung des Cobaltions von dreifach zu
zweifach positiv. Aus dem so entstandenen Co(II)-Cobalamin-Derivat wird nach einer weiteren
Reduktion des Cobaltions zur CO(I)-Form im Cytoplasma Methylcobalamin und in den
Mitochondrien Adenosylcobalamin gebildet. [41]

Die Coenzymformen von Vitamin B_{12} sind an zwei Stoffwechselprozessen im menschlichen Körper
beteiligt:

Im Cytoplasma dient Vitamin B_{12} in Form von Methylcobalamin dem Enzym Methionin-Synthase
als Coenzym. Das Enzym katalysiert dabei die Übertragung einer Methylgruppe von
5-Methyl-Tetrahydrofolat über Methylcobalamin auf die Aminosäure Homocystein. Außerdem
beteiligt bei der Methylierung des Co(I)-Cobalamin-Derivats ist S-Adenosylmethionin (SAM). Ein
entstehendes Produkt ist die Aminosäure Methionin, welche für die Bereitstellung von
Tetrahydrofolat (THF) und SAM benötigt wird [4]. Dieser Prozess ist schematisch in Abbildung 5
dargestellt. Die Bedeutung dieser Reaktion liegt neben der Synthese von Methionin in der
Synthese von THF, welches für die Nukleotid-Synthese notwendig ist. [41]

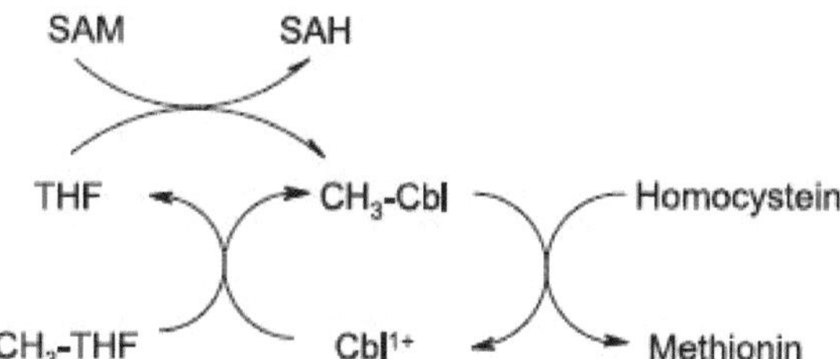

ABB. 5 METHIONIN-SYNTHASE-REAKTION. *CH₃-THF* 5-METHYL-TETRAHYDROFOLAT, *THF* TETRAHYDROFOLAT, *CH₃-CBI*
METHYLCOBALAMIN, *SAM* S-ADENOSYLMETHIONIN, *SAH* S-ADENOSYLHOMOCYSTEIN, *CBI*¹⁺ CO(I)-COBALAMIN-DERIVAT [4]

Des Weiteren dient Vitamin B_{12} in den Mitochondrien in Form von Adenosylcobalamin dem Enzym Methylmalonyl-CoA-Mutase als Coenzym. Hierbei katalysiert das Enzym die Umlagerung von L-Methylmalonyl-CoA zu Succinyl-CoA. Zuvor wird enzymatisch von ATP eine Adenosylgruppe auf das Co(I)-Cobalamin-Derivat übertragen, um Adenosylcobalamin zu bilden. Abbildung 6 zeigt schematisch diesen Prozess. Diese Reaktion ist notwendig für den Abbau ungeradzahliger Fettsäuren, bestimmter Aminosäuren sowie der Cholesterin-Seitenkette zu Succinyl-CoA, welches im Zitronensäurezyklus weiter verstoffwechselt werden kann. [4, 41]

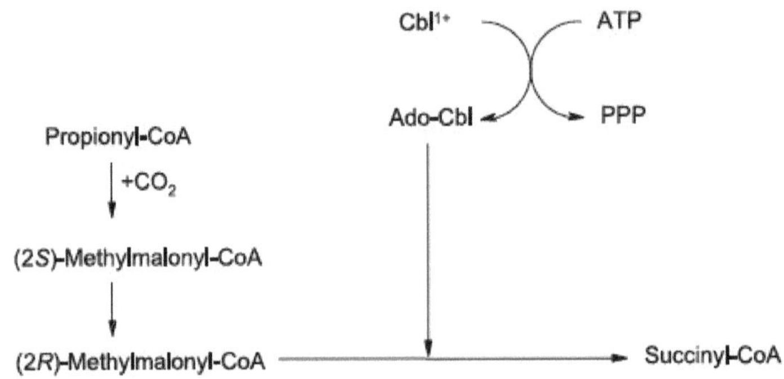

ABB. 6 METHYLMALONYL-COA-MUTASE-REAKTON. *CBl*$^{1+}$ **CO(I)-COBALAMIN-DERIVAT,** *ADO-CBI ADENOSYLCOBALAMIN, ATP* **ADENOSYLTRIPHOSPHAT,** *PPP* **TRIPOLYPHOSPHAT [4]**

2.5. Auswirkungen eines Vitamin B$_{12}$-Mangels

Durch einen Mangel an Vitamin B$_{12}$ werden die oben genannten von Cobalamin abhängigen Stoffwechselprozesse gestört:

Durch die Störung der Methionin-Synthase-Reaktion sammelt sich 5-Methyl-Tetrahydrofolat an und wird nicht zu Tetrahydrofolat (THF) umgewandelt. Ein Mangel an THF führt zu einer Einschränkung der Nukleotidsynthese und verursacht eine ineffiziente Bildung von Blutkörperchen. So weisen Erythrozyten eine Verfärbung (hyperchrom), eine unnatürliche Vergrößerung (makrozytär) und eine bis um die Hälfte reduzierte Lebensdauer auf. Dies sind Kennzeichen einer makrozytären, hyperchromen Anämie (Blutarmut). [41]

Ein möglicher Anstieg des Homocysteingehalts im Blut muss nicht an einem Mangel an Vitamin B$_{12}$ liegen, da die Umwandlung von Homocystein zu Methionin auch von Vitamin B$_9$ und B$_6$ abhängig ist und es sich daher auch um einen Mangel dieser Vitamine handeln könnte [42].

Des Weiteren hat die gestörte Umwandlung von Homocystein in Methionin zur Folge, dass weniger S-Adenosylmethionin (SAM) gebildet wird. SAM ist ein wichtiger Methyldonator des Myelinproteins und der Cholin-Synthese im Stoffwechsel des Nervensystems. Durch einen Mangel an SAM kommt es zu einer Veränderung der Myelinscheiden der Nervenzellen, indem weniger Myelinprotein an Arginin methyliert werden kann. Auch ändert sich die Lipidzusammensetzung der Myelinscheiden durch eine verminderte Cholin-Synthese. Diese Schädigung der Nervenzellen wird als funikuläre Myelose bezeichnet. [4, 41]

Neben der Methionin-Synthase-Reaktion wird auch die Methylmalonyl-CoA-Mutase-Reaktion durch einen Mangel an Vitamin B$_{12}$ gestört. Dadurch sammelt sich Methylmalonyl-CoA an, welches in Methylmalonsäure und CoA gespalten wird. Methylmalonsäure verteilt sich im Körper und wird über den Urin ausgeschieden. Eine erhöhte Konzentration an Methylmalonsäure stört den mitochondrialen Energiestoffwechsel und wirkt nierenschädigend. [43]

Ein Mangel an Vitamin B$_{12}$ kann eine Vielzahl von Ursachen haben, wie Erkrankungen des Gastrointestinaltraktes, die Absorption beeinflussende Arzneimittel, Alkohol oder Drogen. Vor allem bei Veganern und Vegetariern kann eine weitere Ursache eine unzureichende Aufnahme von Vitamin B$_{12}$ aufgrund einer Fehl- bzw. Mangelernährung sein. [4]

Bis sich allerdings Mangel-Symptome zeigen, kann es aufgrund der hohen Speicherkapazität und effektiven Wiederverwertung von Vitamin B$_{12}$ bei Erwachsenen mehrere Jahre dauern [16]. Zu leichten Mangelsymptomen zählen Erschöpfung, Schlaflosigkeit, Immunschwäche und Stimmungsschwankungen. Schwere Mangelsymptome wie Verwirrtheit, taube Gliedmaßen, Lähmungen sowie Koordinations- und Seestörungen treten erst bei chronischem Mangel auf [44].

3. Diskussion und Fazit

Nachdem nun verschiedene Arten von pflanzlichen Lebensmitteln beleuchtet wurden, ergibt sich die Schlussfolgerung, dass es noch keine relevante, natürliche und vegane Vitamin B_{12}-Quelle gibt. Da es sich aber um den potentiell kritischsten Nährstoff in der veganen Ernährung handelt, wäre es von Bedeutung, in Zukunft mehr in diese Richtung zu forschen. Dazu könnte man zum Beispiel durch Förderprogramme die Herstellung von fermentieren Lebensmitteln mit ausreichendem Vitamin B_{12}-Gehalt vorantreiben. Des Weiteren sollten die verschiedenen Anbauweisen der vielversprechenden Chlorella-Alge untersucht werden. Daraus könnte die Möglichkeit resultieren, durch gezielten Anbau einen konstant hohen Vitamin B_{12}-Gehalt zu erreichen. Ein anderer Ansatz wäre, die europäische Regelung zu überdenken, dass Bioprodukten kein Vitamin B_{12} zugesetzt werden darf.

Neben Veganern, sind auch Vegetarier und Mischköstler vermehrt von einem Vitamin B_{12}-Mangel betroffen. Dies ist eine ernstzunehmende Unterversorgung, bei der man einen Arzt aufsuchen sollte, denn ohne Behandlung kann ein starker Mangel sogar zum Tod führen. Jedoch werden viele Krankheiten nicht mit Vitamin B_{12} in Verbindung gebracht und daher wäre es nötig, Ärzte auf dieses Thema verstärkt aufmerksam zu machen.

4. ZUSAMMENFASSUNG

Die Zahl der Veganer nimmt in Deutschland in den letzten Jahren zu. Dabei bleibt für Veganer weiterhin Vitamin B_{12} der kritischste Nährstoff, dessen Bedarf durch eine ausgewogene, pflanzliche Ernährung noch nicht in relevanter Menge gedeckt werden kann. Das liegt hauptsächlich daran, dass – nach derzeitigem Wissensstand – ausschließlich Mikroorganismen fähig sind, Vitamin B_{12} zu bilden. Zudem kann das im Verdauungstrakt des Menschen von Bakterien produzierte Vitamin B_{12} nicht aufgenommen werden.

Bei Vitamin B_{12} handelt es sich um Cobalamine, die eine biologische Wirkung besitzen. So ist Vitamin B_{12} in menschlichen Körper als Coenzym an zwei Stoffwechselprozessen beteiligt. Zu den dafür verwendbaren Formen zählen Adenosyl-, Hydroxy-, Methyl- und Cyanocobalamin. Neben diesen existieren Vitamin B_{12}-Analoga, bei denen es sich um nicht bioverfügbare Cobalamine handelt.

Deswegen ist es erforderlich, dass potentielle, vegane Vitamin B_{12}-Quellen nennenswerte Mengen an Cobalaminen mit biologischer Wirkung enthalten. So besitzt nach derzeitigem Wissensstand nur die Chlorella-Alge aufgrund eines geringen Analoga-Gehalts das Potenzial in ausreichenden Mengen an aktivem Vitamin B_{12} zu Verfügung zu stellen. Jedoch unterliegt dabei der Vitamin B_{12}-Gehalt starken Schwankungen. Die Möglichkeit der Anreicherung der Erde von Pflanzen mit Vitamin B_{12} bzw. mit Kuhmist stellte sich als nicht sinnvoll heraus. Dagegen ließ sich durch die Verwendung geeigneter Bakterienkulturen in fermentierten Lebensmitteln meist ein ausreichender Vitamin B_{12}-Gehalt erzielen. Solange aber derartige fermentierte Produkte noch nicht auf dem Markt hinreichend etabliert sind, ist es empfehlenswert als Veganer, ein- oder zweimal täglich Supplemente zu sich zu nehmen. Dabei besteht keine Gefahr der Überdosierung, da überschüssiges Vitamin B_{12} aufgrund seiner Wasserlöslichkeit mit dem Urin ausgeschieden wird.

Ein Mangel an Vitamin B_{12} kann eine Vielzahl von Ursachen haben, wie Erkrankungen des Gastrointestinaltraktes. Vor allem bei Veganern und Vegetariern kann eine weitere Ursache eine unzureichende Aufnahme von Vitamin B_{12} aufgrund einer Fehl- bzw. Mangelernährung sein. Die Gefahr eines Mangels basiert auf der damit einhergehenden Störung der Cobalamin abhängigen Stoffwechselprozesse, die Schlüsselpositionen im menschlichen Stoffwechsel einnehmen. Ein akuter Mangel kann zu einer makrozytären, hyperchromen Anämie, der Schädigung von Nervenzellen, der Störung des mitochondrialen Energiestoffwechsels und einer Schädigung der Nieren führen. Dabei können entsprechende Symptome erst nach mehreren Jahren aufgrund einer hohen Speicherkapazität und einer effektiven Wiederverwertung von Vitamin B_{12} auftreten. Dazu zählen unter anderem Schlaflosigkeit, Immunschwäche, Verwirrtheit und Lähmungen.

5. QUELLENVERZEICHNIS

[1]   Lebenseinstellung - Veganer in Deutschland 2019, URL: https://de.statista.com/statistik/daten/studie/445155/umfrage/umfrage-in-deutschland-zur-anzahl-der-veganer/, Zugriff am 08. April 2020

[2]   LEITZMANN C., KELLER M., 2013: Vegetarische Ernährung, Ulmer Verlag, Stuttgart

[3]   KELLER M., 2013: Das präventive und therapeutische Potenzial vegetarischer und veganer Ernährung, Zeitschrift für Komplementärmedizin, 5, 47

[4]   DRIESCH R., 2013: Vitamin B12 in Gressner A. M., Arndt T. (Hrsg.): Lexikon der medizinischen Laboratoriumsdiagnostik, Springer-Verlag, Berlin, 2.Aufl.

[5]   Allgemeine Strukturformel von Cobalaminen, URL: https://commons.wikimedia.org/wiki/File:Cobalamin.png, Zugriff am 18. April 2020

[6]   FARQUHARSON J., ADAMS J. F., 1976: The forms of vitamin B12 in foods, British Journal of Nutrition, 36, 127

[7]   HERBERT V., 1988: Vitamin B-12: plant sources, requirements, and assay. The Americal Journal of Clinical Nutrition, 48, 852

[8]   FANG H., KANG J., ZHANG D., 2017: Microbial production of vitamin B12: a review and future perspectives, Microbial Cell Factories, 16, 15

[9]   ELMADFA I., LEITZMANN C., 2015: Ernährung des Menschen, Eugen Ulmer Verlag, Stuttgart, 5. Aufl.

[10]   ROBBINS W. J., HERVEY A., STEBBINS M. E., 1950: Studies on Euglena and Vitamin B12, Bulletin of the Torrey Botanical Club, 77, 423

[11]   EDELMANN M., CHAMLAGAIN B., et al., 2016: Stability of added and in situ-produced vitamin B12 in breadmaking, Food Chemistry, 204, 21

[12]   RITTENAU N., 2018: Vegan-Klischee ade, Ventil Verlag, 1. Aufl.

[13]   DEUTSCHE GESELLSCHAFT FÜR ERNÄHRUNG, ÖSTERREICHISCHE GESELLSCHAFT FÜR ERNÄHRUNG, SCHWEIZERISCHE GESELLSCHAFT FÜR ERNÄHRUNG, 2015: Referenzwerte für die Nährstoffzufuhr – Vitamin B12, Neuer Umschau Buchverlag, Bonn, 2. Aufl.

[14]   BOR M. V., LYDEKING-OLSEN E., et al., 2006: A daily intake of approximately 6 microg vitamin B12 appears to saturate all the vitamin B12-related variables in Danish postmenopausal women, American Journal of Clinical Nutrition, 83, 52

[15]   GROPPER S. S., SMITH J. L., CARR T. P., 2017: Advanced Nutrition and Human Metabolism, Cengage Learning, Boston, 7. Aufl.

[16]   O'LEARY F., SAMMAN S., 2010: Vitamin B12 in Health and Disease, Nutrients, 2, 299

[17]   AMERICAN SOCIETY FOR NUTRITION, 2012: Nutrient Information: Vitamin B-12, Advanced Nutrition, 3, 54

[18]   Tolerable Upper Intake Levels for vitamins and minerals, URL: http://www.efsa.europa.eu/sites/default/files/efsa_rep/blobserver_assets/ndatolerable uil.pdf, Zugriff am 10.04.2020

[19]   TUCKER K. L., RICH S., et al., 2000: Plasma vitamin B-12 concentrations relate to intake source in the Framingham Offspring Study, American Journal of Clinical Nutrition, 71, 514

[20]   CARMEL R., KARNAZE D. S., WEINER, J. M., 1988: Neurologic abnormalities in cobalamin deficiency are associated with higher cobalamin »analogue« values than are hematologic abnormalities, Journal of Laboratory and Clinical Medicine, 111, 57

[21]   EU KOMMISSION, 2008: VERORDNUNG (EG) Nr. 889/2008 DER KOMMISSION mit Durchführungsvorschriften zur Verordnung (EG) Nr. 834/2007 des Rates über die ökologische/biologische Produktion und die Kennzeichnung von ökologischen/biologischen Erzeugnissen hinsichtlich der ökologischen/biologischen Produktion, Kennzeichnung und Kontrolle

[22]   ULLMANN J., 2017: Algen – Sonderdruck aus dem Handbuch Lebensmittelhygiene, Behr's Verlag, Hamburg

[23]   RIZZO G., LAGAN A., et al., 2016: Vitamin B12 among Vegetarians: Status, Assessment and Supplementation, Nutrients, 8, 767

[24]   SATO K., KUDO Y., et al., 2004: Incorporation of a high level of vitamin B12 into a vegetable, kaiware daikon (Japanese radish sprout), by the absorption from its seeds, Biochimica et Biophysica Acta, 1672, 135

[25]   MOZAFAR A., 1994: Enrichment of some B-vitamins in plants with application of organic fertilizers, Plant and Soil, 167, 305

[26]   WATANABE F., YABUTA Y., et al., 2014: Vitamin B12-Containing Plant Food Sources for Vegetarians, Nutrients, 6, 1861

[27]   CROFT M. T., LAWRENCE A., et al., 2005: Algae acquire vitamin B12 through a symbiotic relationship with bacteria, Nature, 438, 90

[28]   WATANABE F., TAKENAKA S., et al., 2002: Characterization and bioavailability of vitamin B12-compounds from edible algae, Journal of Nutritional Science and Vitaminology, 48, 325

[29]   Algen als natürliche B12-Quelle, URL: https://www.heilpraktikerverband.de/images/stories/heilpraktiker/fachartikel/0315_Algen.pdf, Zugriff am 14.04.2020

[30]   YAMADA K., YAMADA Y., et al., 1999: Bioavailability of dried asakusanori (porphyra tenera) as a source of Cobalamin (Vitamin B12), International Journal for Vitamin and Nutrition Research, 69, 412

[31]   MERCHANT R. E., PHILLIPS T. W., et al., 2015: Nutritional Supplementation with Chlorella pyrenoidosa Lowers Serum Methylmalonic Acid in Vegans and Vegetarians with a Suspected Vitamin B12 Deficiency, Journal of Medical Food, 18, 1357

[32]   KWAK C. S., LEE M. S., et al., 2010: Discovery of Novel Sources of Vitamin B12 in Traditional Korean Foods from Nutritional Surveys of Centenarians, Current Gerontology and Geriatrics Research, Article ID 374897

[33] TRUESDELL D., GREEN N.R., ACOSTA P.B., 2006: Vitamin B12 Activity in Miso and Tempeh, Journal of Food Science, 52, 493

[34] KANNE W., 1989: Verfahren zur Herstellung eines lebensfähige Milchsäurebakterien enthaltenden Gärproduktes, Deutsches Patent, DE3802840

[35] KANNE W., 2001: Milchsäure, lebensfähige Milchsäurebakterien und Hefen enthaltende Flüssigkeit sowie Verfahren zu deren Herstellung, Deutsches Patent, DE19932055

[36]   Webseite der Kanne Brottrunk GmbH & Co. Betriebsgesellschaft KG, URL: https://www.kanne-brottrunk.de, Zugriff am 17.06.2020

[37] WOLKERS-ROOIJACKERS J.C.M., ENDIKA M.F., SMID E.J., 2018: Enhancing vitamin B12 in lupin tempeh by in situ fortification, LWT - Food Science and Technology, 96, 513

[38] AREEKUL S., PATTANAMATUM S., et. al., 1990: The source and content of vitamin B12 in the tempehs, Journal of the Medical Association of Thailand, 73, 152

[39]   WATANABE F., YABUTA Y., et al., 1988: Biologically active vitamin B12 compounds in foods for preventing deficiency among vegetarians and elderly subjects, Journal of Agricultural and Food Chemistry, 61, 6769

[40] GU Q., ZHANG C., et al., 2015: Enhancing vitamin B12 content in soy-yogurt by Lactobacillus reuteri, International Journal of Food Microbiology, 206, 56

[41] JOMAA H., 2019: Vitamin B12 in Gressner A. M., Arndt T. (Hrsg.): Lexikon der medizinischen Laboratoriumsdiagnostik, Springer-Verlag, Berlin, 3.Aufl.

[42] TILL U., 2013: Die B-Vitamine Folsäure, B6 und B12 in der Prävention, Uni-Med Verlag, Bremen, 2.Aufl.

[43] HOFFMANN G. F., LANGHANS C.-D., et al., 2019: Methylmalonsäure in Gressner A. M., Arndt T. (Hrsg.): Lexikon der medizinischen Laboratoriumsdiagnostik, Springer-Verlag, Berlin, 3.Aufl.

[44] BIESALSKI H. K., 2016: Vitamine und Minerale – Indikation, Diagnostik, Therapie, Georg Thieme Verlag, Stuttgart

6. ABBILDUNGSVERZEICHNIS